❶ くちばしと どうぶつの は

- きつつき
- つばめ
- おうむ
- はちどり
- おおわし
- ペリカン
- はしびろこう
- ペンギ
- フ
- おお
- かわ
- はしび
- よたか
- とら
- りす
- うま
- かば
- ぞう
- いるか
- カメレオン
- かものはし
- わに
- おにいとまきえい

❷ うみと もりの かくれんぼ

- たこ
- ピグミーシーホース
- かれい
- かみそりうお
- へこあゆ
- リーフィーシードラゴン
- いそこんぺいとうがに
- こまちこしおりえび
- もくずしょい
- かえるあんこう
- ガラスはぜ
- えだしゃく
- ななふし
- やもり
- はなかまきり
- よたか
- よしごい
- あげは
- あまがえる
- ゆきうさぎ
- あぶらぜみ
- とのさまばった
- ごまだらちょう

❸ 生きものの 赤ちゃん

- ライオン
- しまうま
- パンダ
- カンガルー
- オランウータン
- おおありくい
- いのしし
- かるがも
- こうていペンギン
- あざらし
- ほっきょくぐま
- うみがめ
- さけ
- こちどり
- かえるあまだい
- ぞう

❹ てきから みを まもる ちえ

- はりねずみ
- アルマジロ
- やまあらし
- スカンク
- プレーリードッグ
- インパラ
- しまうま
- じゃこううし
- ももんが
- オポッサム
- ふくろうちょう
- すずめが
- いいだこ
- せみほうぼう
- かくれくまのみ
- そめんやどかり
- きんちゃくがに
- こばんざめ
- ほんそめわけべら
- いわし
- やどくがえる
- おぶとさそり
- キングコブラ
- おおすずめばち
- とびずむかで
- ひょうもんだこ

教科書にでてくる　生きものをくらべよう 1

くちばしとどうぶつのは

監修　今泉忠明

Gakken

鳥《とり》の　くちばしは、　いろいろな
形《かたち》を　して　います。
とがった　くちばし、
ひらたい　くちばし、
太《ふと》い　くちばしなど、
食《た》べる　ものや　かりの　しかたに
よって　形《かたち》が　ちがいます。

くちばしの　形《かたち》と
その　やくわりを　くらべて
みましょう。

きつつきの　くちばしは、
先《さき》が　とがって　います。

きつつきは　とがった
くちばしで、木《き》の　みきや
えだを　つつきます。
そして、
木《き》の　中《なか》に　いる
虫《むし》を　とって　食《た》べます。

また、木《き》の　みきに　大《おお》きな　あなを
ほる　ことも　できます。
その　あなの　中《なか》で
ひなを　そだてるのです。

ものしりメモ
この　きつつきは、あかげらです。あかげらは　毎年《まいとし》、新《あたら》しい　あなを　木《き》に　ほります。つぎの　年《とし》には　ほかの　小鳥《ことり》や　りす、ももんがなどが、その　あなを　すみかに　する　ことも　あります。

つばめの　くちばしは、　みじかくて　ひらたい
形《かたち》を　して　います。
つばめは、　その　口《くち》を　大《おお》きく　あける　ことが　できます。

つばめは、　とびながら
小《ちい》さな　虫《むし》を
つかまえます。
その　ときに、
大《おお》きく　ひらいた　口《くち》で
虫《むし》を　とらえます。

ものしりメモ

つばめは、人《ひと》の　家《いえ》の　のき下《した》などに
すを　つくり、ひなを　そだてます。
ひなに　えさを　やる　ために、
1日《にち》に　500ぴきもの　虫《むし》を
つかまえる　ことも　あります。

おうむの　くちばしは、
太《ふと》くて　先《さき》が　丸《まる》く　まがって　います。

おうむは、
この　丸《まる》く　まがった
くちばしで、
木《き》の　みを　じょうずに
つまみます。
　そして、
太《ふと》い　くちばしに
力《ちから》を　こめて、
木《き》の　みの　かたい
からを　わって
なかみを　食《た》べます。

はちどりの　くちばしは、
細《ほそ》長《なが》くて　前《まえ》に　のびて　います。
はちどりは、　とびながら　くちばしを
花《はな》の　中《なか》に　さしこみます。

そして、
くちばしの　中《なか》に
しまって　いた
長《なが》い　したを　のばして
花《はな》の　みつを　なめます。

ものしりメモ
はちどりは、大《おお》きい　しゅるいでも
おとなの　人《ひと》の　手《て》くらいの　小《ちい》さな　鳥《とり》です。
この　しゃしんは、まめはちどりと　いう
せかいで　いちばん　小《ちい》さな　鳥《とり》です。

おおわしの　くちばしは、
とても　太《ふと》く、　するどく
先《さき》が　まがって　います。

おおわしは、その
するどく　まがった
くちばしで、
つかまえた　魚《さかな》の
肉《にく》を　引《ひ》きちぎって
食《た》べます。

ものしりメモ
おおわしの　あしは　力《ちから》が　強《つよ》く、
するどい　つめが　あります。
その　あしで　魚《さかな》や　鳥《とり》などを　つかまえます。
食《た》べる　ときも、あしで　おさえながら
食《た》べます。

ペリカンの
くちばしは　長《なが》くて、
のびて　ふくらむ
ふくろが　ついて　います。

ペリカンは、
魚《さかな》を　見《み》つけると
すばやく　頭《あたま》を　水《みず》に
つっこみます。
そして、くちばしの
ふくろで　魚《さかな》を
すくいとって　食《た》べます。

ものしりメモ

ペリカンの　ふくろは、
ひふで　できて　います。
10リットルもの　水《みず》を　いちどに
すくえるほど、よく　のびます。
すくった　水《みず》は　すぐに　出《だ》して、
のこった　魚《さかな》を　のみこみます。

はしびろこうの　くちばしは、とても　太《ふと》くて　大《おお》きいです。

はしびろこうは、
大《おお》きな　魚《さかな》を
つかまえて　食《た》べます。
じっと　うごかず、
魚《さかな》が　水《すい》めんに
来《く》るのを　まちぶせて、
大《おお》きな　くちばしで
いっきに　つかまえます。
はしびろこうの　上《うえ》の
くちばしの　先《さき》は、
かぎばりのように
まがって　いるので、
魚《さかな》を　引《ひ》っかけるのに
やくだちます。

ペンギンの　くちばしは、
太《ふと》くて　しっかりして　います。

口《くち》の　中《なか》には、　ぎざぎざした
したが　かくれて　います。

ペンギンは、くちばしを　つかって
水《みず》の　中《なか》で　魚《さかな》を　つかまえます。
そして、ぎざぎざの　したで
魚《さかな》を　にがさないように、
口《くち》の　おくに　はこびます。

どうして？ へんな くちばし

おじぎを して しょくじする フラミンゴ

フラミンゴの くちばしの うちがわには、ぎざぎざが あります。おじぎを するように くちばしを 水《みず》の 中《なか》に 入《い》れて、ぎざぎざに 引《ひ》っかかった 小《ちい》さな 生《い》きものを 食《た》べます。

大《おお》きな くちばしで なんでも できる おおはし

おおはしの くちばしは、とても かるくて じょうぶです。木《き》の みを もぎとる、かたい みを くだく、つまんで 食《た》べるなど、みんな この くちばしで できるのです。

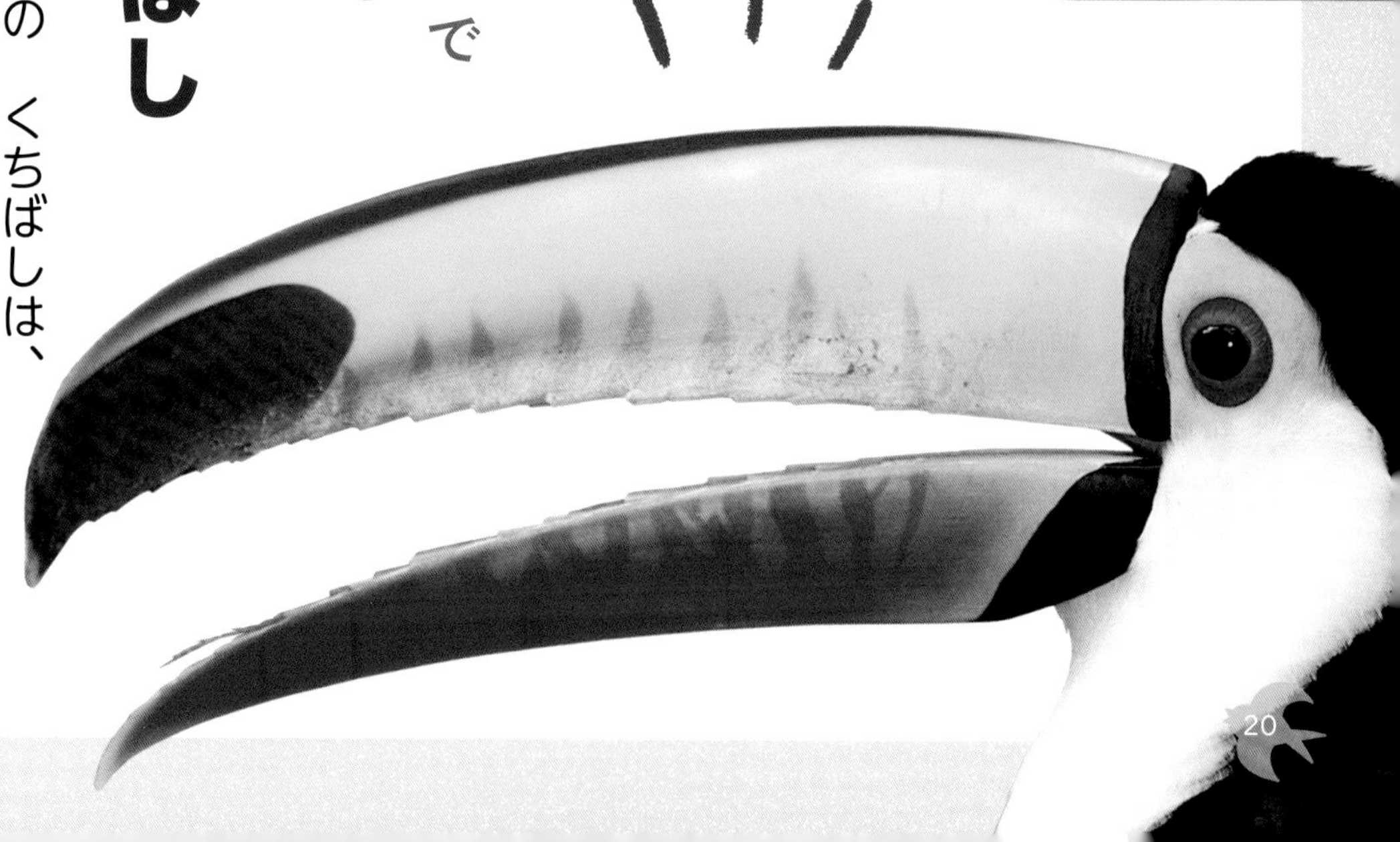

はしのように
魚《さかな》を　はさむ

かわせみ

かわせみは、空中《くうちゅう》から
川《かわ》に　とびこんで、
かりを　します。
まっすぐな　くちばしで、
およいで　いる　魚《さかな》を
いっしゅんの　うちに
はさんで
つかまえます。

ひらべったくて
ブラシが　ある

はしびろがも

はしびろがもの　ひらたい
くちばしには、ブラシのような
ものが　ならんで　います。
くちばしを　水《みず》の　中《なか》で
ぱくぱくさせて、ブラシに
かかった　小《ちい》さな
生《い》きものを　食《た》べるのです。

くちばしの　まわりに
ひげが　いっぱい

よたか

よたかの　くちばしは
ひらたくて、まわりには
長《なが》い　ひげが　はえて　います。
大《おお》きく　口《くち》を　あけたまま
夜《よる》の　森《もり》を　とび、
ひげに
ふれた
虫《むし》を
食《た》べます。

どうぶつの　はも、いろいろな　形《かたち》を　して　います。
肉《にく》を　食《た》べる　どうぶつは　とがった　は、
草《くさ》を　食《た》べる　どうぶつは　たいらな　はなど、
食《た》べる　ものに　よって　はの　形《かたち》は　ちがいます。

どうぶつの　はの　形《かたち》と
やくわりも、くらべて　みましょう。

とらには、上下《じょうげ》に 四本《よんほん》の
とがった きばが あります。

とらは、ほかの
どうぶつの　肉《にく》を
食《た》べます。
　しげみに　かくれ、
いっきに　えものに
おそいかかります。
　そして、
とがった　きばで
えものの　のどに
しっかり　かみついて、
たおします。

きばよりも
おくに　ある　はも
するどくて、
ナイフのように
肉《にく》を　切《き》りさく　ことが
できます。

ものしりメモ　とらの　したは、ざらざらして　いて、
ほねに　ついた　肉《にく》を　そぎとったり
毛《け》づくろいを　したり　するのに　やくだちます。

りすには、上《うえ》と　下《した》に　二《に》本《ほん》ずつ
長《なが》く　のびた　じょうぶな
前《まえ》ばが　あります。

りすは、長《なが》くて　じょうぶな　前《まえ》ばで
木《き》の　みの　かたい　からを　わって、
なかみを　食《た》べます。

ものしりメモ

りすの　なかまには、ほおに　ふくろを
もつ　ものが　います。
この　ふくろの　中《なか》に　食《た》べものを
入《い》れて、はこぶ　ことが　できます。

うまは、長《なが》く　つき出《で》た　口《くち》の　先《さき》に
前《まえ》ばが　ならんで　います。

この　前《まえ》ばで、
じめんに　はえた
草《くさ》を　はさんで
むしりとります。
　そして、
むしりとった　草《くさ》を
口《くち》の　おくに
ある　たいらな
おくばで
すりつぶして
食《た》べます。

ものしりメモ
草《くさ》は　かたいので、よく　かんで　すりつぶさなければ　なりません。
草《くさ》を　食《た》べる　生《い》きものの　多《おお》くは、すりつぶす　ための　たいらな　おくばを　もって　います。

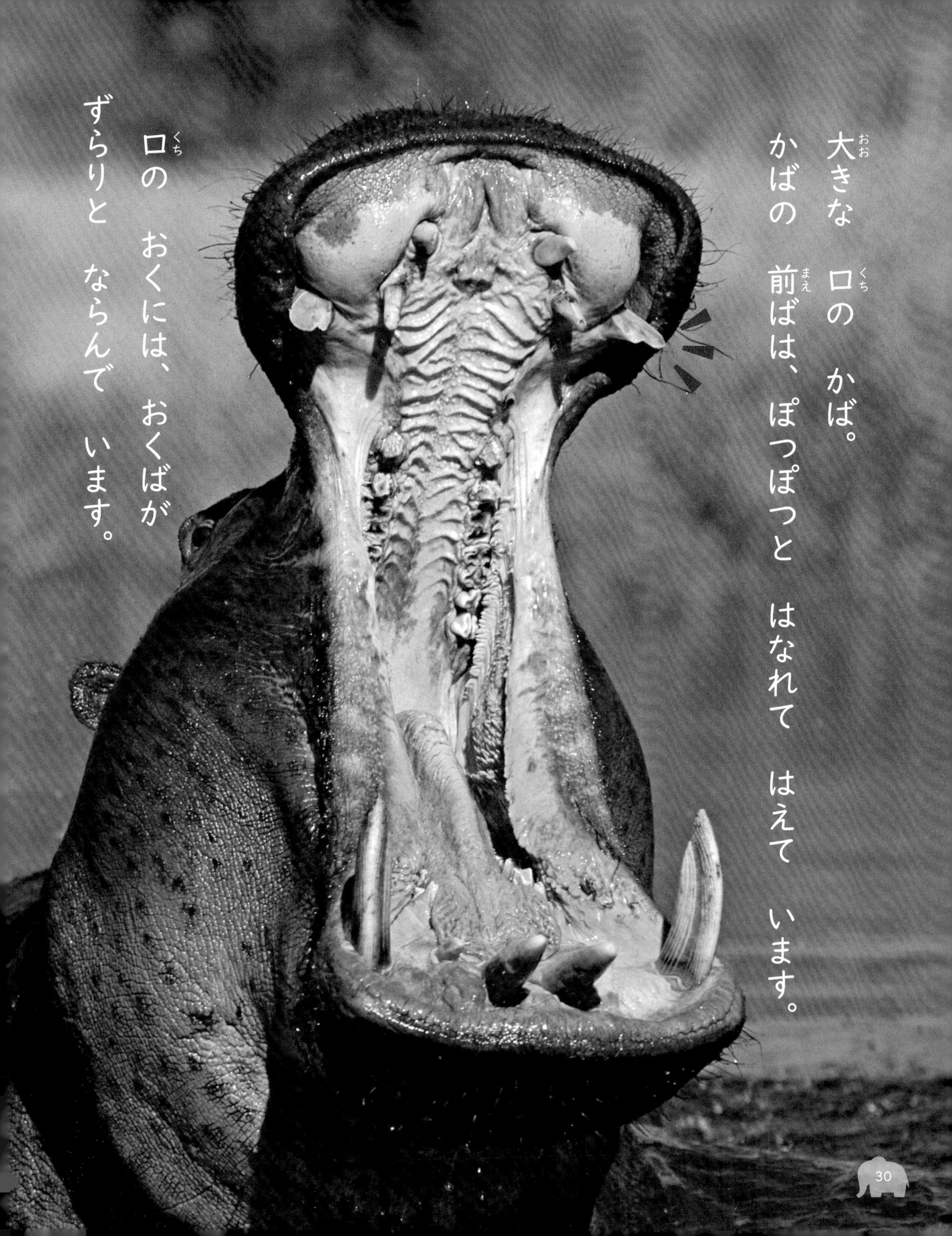

大《おお》きな　口《くち》の　かば。
かばの　前《まえ》ばは、ぽつぽつと　はなれて　はえて　います。

口《くち》の　おくには、おくばが
ずらりと　ならんで　います。

かばは、ひらたい　くちびるで
じめんに　はえる　草《くさ》を　はさんで
むしりとり、おくばで　すりつぶして
食《た》べます。
　前《まえ》の　はで、土《つち》を　ほって
草《くさ》を　食《た》べる　ことも　あります。

ものしりメモ　きばには　口《くち》を　大《おお》きく　あけて
見《み》せつける　ことで、あいてを　おどろかせて
おいはらう　やくわりも　あります。

ぞうには、
大《おお》きな
きばと
おくばが
あります。

口《くち》の　おくに、
サンダルのように
見《み》えて　いるのが
おくばです。

ぞうは、
長《なが》い　はなで
木《き》の　はを
小《こ》えだごと
むしりとります。
そして、大《おお》きな
おくばで
木《き》の　はを
がりがりと
すりつぶして
食《た》べるのです。

いるかの
口《くち》には、
同《おな》じ　形《かたち》の
とがった　はが
たくさん
ならんで
います。
　いるかは、
およぎながら
口《くち》で　魚《さかな》を
つかまえます。

たくさんの　とがった　はで
しっかり　はさむと、
魚《さかな》に　にげられにくく　なります。
　このように、生《い》きものたちは
食《た》べる　ものに　よって、
くちばしや　はの　形《かたち》が
ちがうのです。

どうして？　へんな　口《くち》

ねばねばで　キャッチ　カメレオン

カメレオンの口《くち》からは、ねばねばした長《なが》い　したが　とび出《だ》し、目《め》の　前《まえ》に　いる虫《むし》に　くっつきます。

そして、あっというまに口《くち》に　はこんで食《た》べて　しまうのです。

かもの　くちばしに　そっくり　かものはし

かものはしは、たまごで　生《う》まれおちちで　そだつ、めずらしい生《い》きものです。

かものような　ひらたい　口《くち》で、魚《さかな》や　虫《むし》の　出《だ》す　かすかな　でんきをかんじとり、つかまえて食《た》べます。

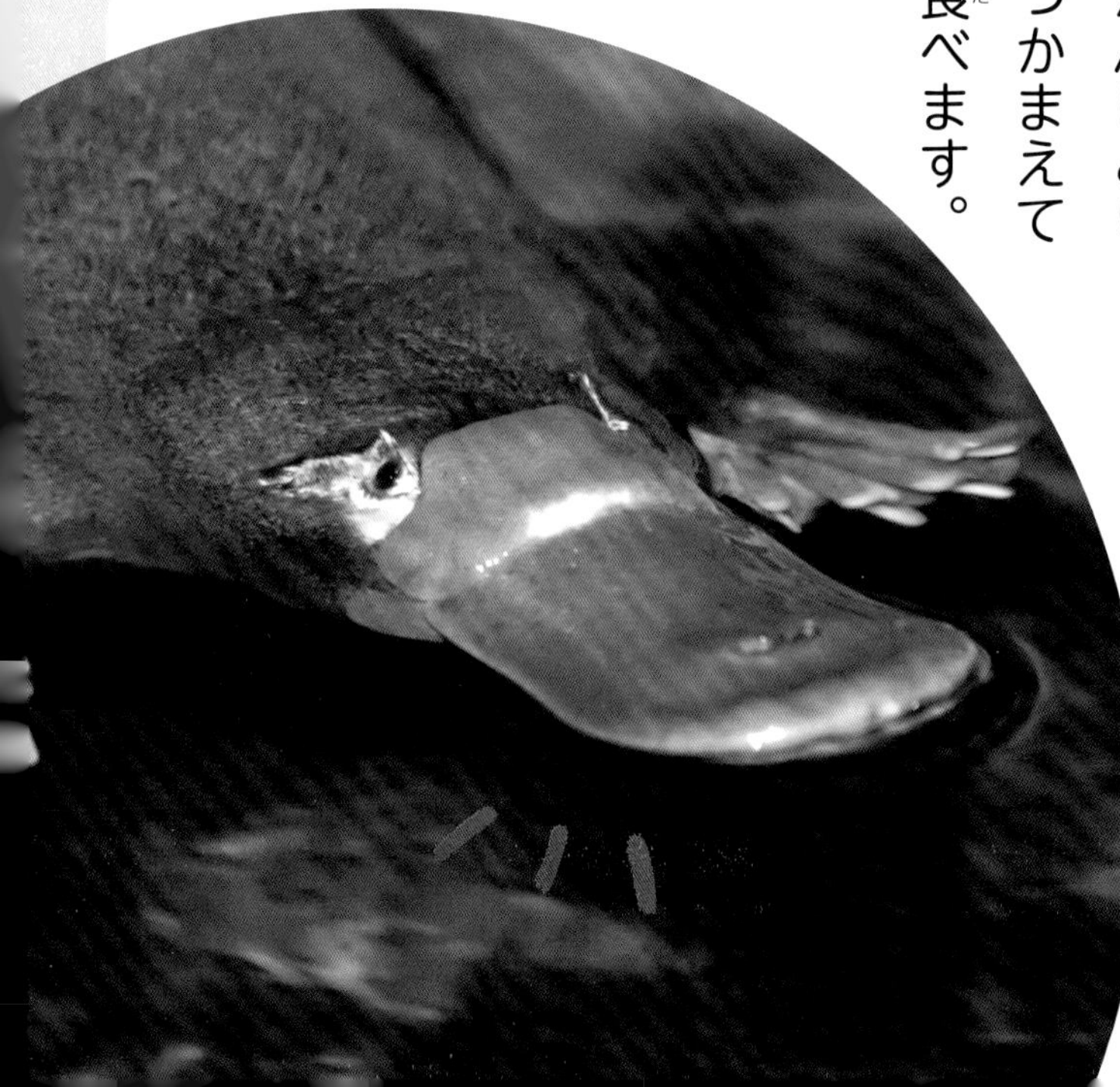

するどい　はが　ずらり

わに

わにの　長《なが》い　口《くち》には、
するどい　はが　ずらりと
ならんで　います。
かむ　力《ちから》が　とても　強《つよ》く、
大《おお》きな　魚《さかな》だけで　なく、
ときには　うしや　人《ひと》までも
おそって　食《た》べて　しまいます。

海水《かいすい》が　通《とお》る
大《おお》きな　トンネル

おにいとまきえい

おにいとまきえいは、
口《くち》を　大《おお》きく　あけて
およぎながら
しょくじを　します。
前《まえ》に　ある　ひれを
丸《まる》め、口《くち》を
トンネルのように　して、
入《はい》って　きた　海水《かいすい》を
えらから　外《そと》に
出《だ》します。
この　ときに、えらに
ついた　小《ちい》さな
生《い》きものを　食《た》べて
います。

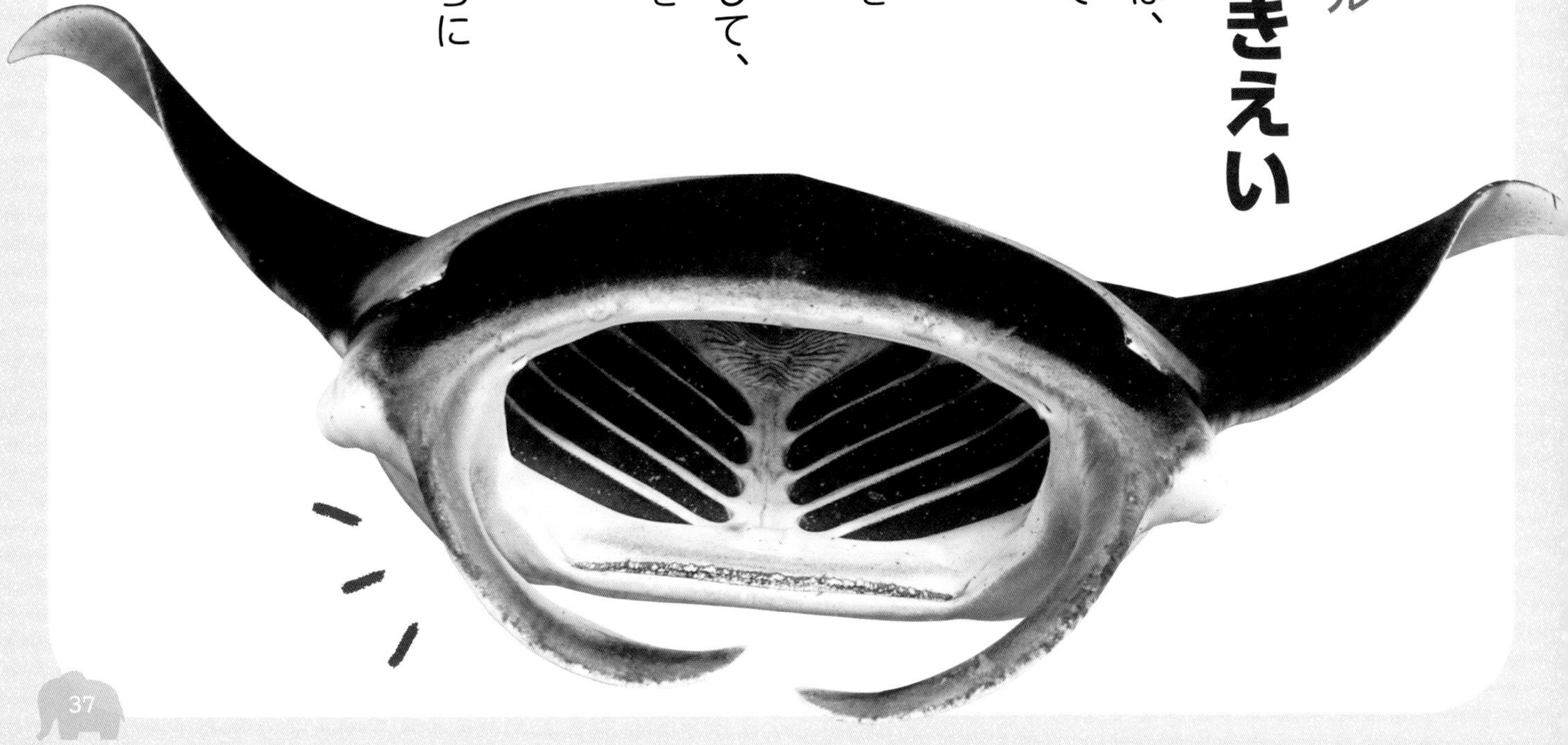

この本《ほん》に でてきた 生《い》きもの ずかん

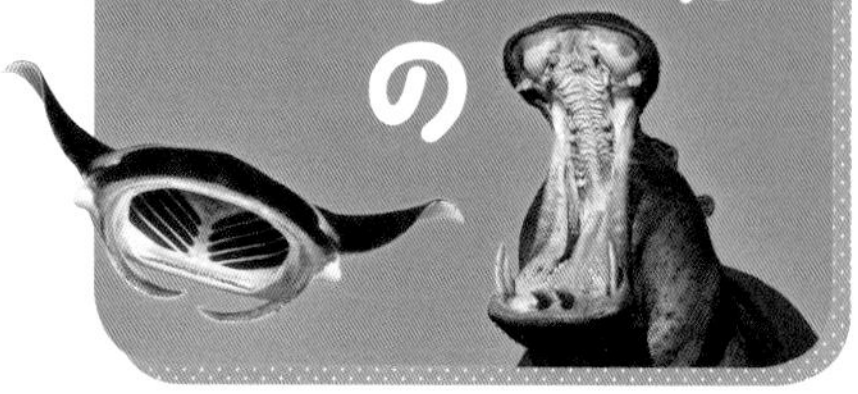

6ページ ツバメ

[体長《たいちょう》：17cm くらい] やねの 下《した》などに すを つくり、 子《こ》そだてを する。春《はる》に 南《みなみ》の 国《くに》から 来《き》て、秋《あき》に 帰《かえ》る。

3ページ アカゲラ

[体長《たいちょう》：22cm くらい] 日本《にほん》、アジア、ヨーロッパなどの 森《もり》に すむ キツツキ。おなかの 赤《あか》い 色《いろ》が きれい。

12ページ オオワシ

[体長《たいちょう》：90cm くらい] 冬《ふゆ》に なると、ロシアから 北海道《ほっかいどう》に やって くる。日本《にほん》の ワシの なかまでは いちばん 大《おお》きい。

10ページ ハイバラエメラルドハチドリ

[体長《たいちょう》：11cm くらい] メキシコなどに すむ。目《め》に 見《み》えないほどの はやさで 羽《はね》を うごかし、空中《くうちゅう》に とまれる。

8ページ キバタン

[体長《たいちょう》：50cm くらい] オーストラリアなどに すむ 大《おお》きな オウム。黄色《きいろ》い かんむり羽《ばね》が きれい。人《ひと》なつこい。

18ページ フンボルトペンギン

[体長《たいちょう》：70cm くらい] 南《みなみ》アメリカの 西《にし》の 海《かい》がんに すみ、 魚《さかな》を とって 食《た》べる。あなを ほって すを つくる。

16ページ ハシビロコウ

[体長《たいちょう》：120cm くらい] アフリカの ぬま地《ち》に すむ。昼間《ひるま》は 草《くさ》に かくれ、夕方《ゆうがた》に かりを して 魚《さかな》を とる。

14ページ モモイロペリカン

[体長《たいちょう》：148～175cm] アフリカなどに すむ。ぬまや 広《ひろ》い 川《かわ》で むれに なり、きょう力《りょく》して 魚《さかな》の かりを する。

21ページ カワセミ

[体長《たいちょう》：16cm くらい] 日本《にほん》や アジアの 水《みず》べに すんで いて、小魚《こざかな》を とる。せなかは 青《あお》みどり色《いろ》で ほう石《せき》のよう。

20ページ オニオオハシ

[体長《たいちょう》：80cm くらい] ブラジルなどに すむ。木《き》の あなで、おすと めすが いっしょに 子《こ》どもを そだてる。

20ページ ベニイロフラミンゴ

[体長《たいちょう》：120cm くらい] 南《みなみ》アメリカなどに すむ。ひがたや あさい みずうみに、むれで すむ。かたあしで 立《た》ったまま ねむれる。

23 ページ **ベンガルトラ**

[体長《たいちょう》：200cm くらい] インドなどに　すむ。森《もり》や　草《くさ》むらなどで、ふだんは　1頭《とう》で　かりを　して　くらす。

21 ページ **ヨタカ**

[体長《たいちょう》:29cm くらい] アジアなどの　森《もり》に　すむ。夜《よる》に　キョキョキョと　鳴《な》きながら　とんで、虫《むし》を　とる。

21 ページ **ハシビロガモ**

[体長《たいちょう》：45cm くらい] 冬《ふゆ》に　日本《にほん》に　来《く》る　わたり鳥《どり》。水《みず》に　首《くび》を　入《い》れて、まわりながら　小《ちい》さな　生《い》きものを　とる。

30 ページ **カバ**

[体長《たいちょう》：4m くらい] アフリカの　川《かわ》や　みずうみに　むれで　くらす。昼間《ひるま》は　水《みず》の　中《なか》に　いて、夜《よる》に　りくで　草《くさ》を　食《た》べる。

28 ページ **アイスランドホース**

[体長《たいちょう》：140cm くらい（せなかの高《たか》さ)]

アイスランドで　ポニーから　つくられた　馬《うま》。小《ちい》さいけれど、じょうぶで　長生《ながい》き。

26 ページ **キンイロジリス**

[体長《たいちょう》:26cmくらい]北《きた》アメリカの　山《やま》に　すむ。トンネルのような　すあなを　ほり、食《た》べものを　ためる。

36 ページ **エボシカメレオン**

[体長《たいちょう》：50cm くらい] 左右《さゆう》の　目《め》が　べつべつに　うごく。体《からだ》の　色《いろ》を　かえる　ことが　できる。

34 ページ **バンドウイルカ（ハンドウイルカ）**

[体長《たいちょう》：3m くらい] あたたかい　海《うみ》に　すむ。むれで　くらし、船《ふね》と　ならんで　およぐ　ことが　ある。

32 ページ **アフリカゾウ**

[体長《たいちょう》：7m くらい] アフリカに　すむ。りくで　くらす　生《い》きものでは　もっとも　大《おお》きい。草《くさ》や　木《き》、くだものを　食《た》べる。

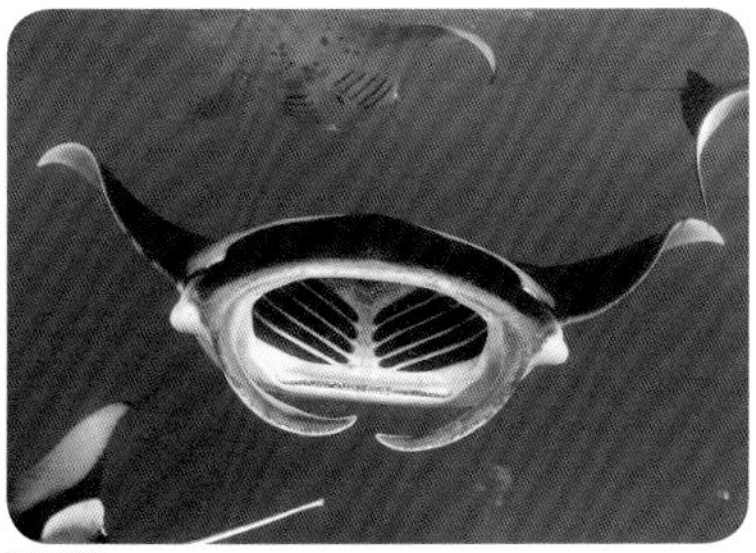

37 ページ **オニイトマキエイ**

[体長《たいちょう》：4m くらい] 南《みなみ》の　海《うみ》の　あさい　ところを　ゆっくり　およぐ。マンタとも　よばれ、人気《にんき》が　ある。

37 ページ **イリエワニ**

[体長《たいちょう》：3 ~ 7m] 東南《とうなん》アジアなどに　すむ、もっとも　大《おお》きい　ワニ。人《ひと》よりも　大《おお》きく、人《ひと》を　おそう　ことも　ある。

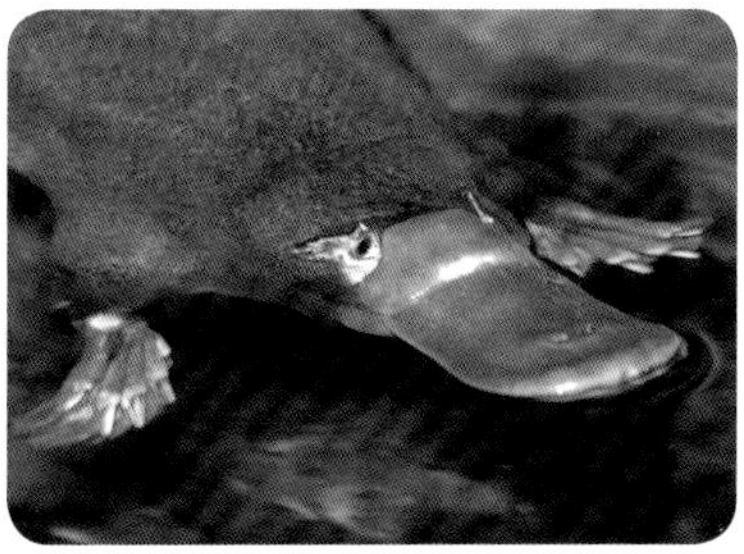

36 ページ **カモノハシ**

[体長《たいちょう》：30 ~ 40cm] オーストラリアなどに　すむ。ゆびに　ある　まくと　ひらたい　おで　じょうずに　およぐ。

監修　今泉忠明　NDC480（動物学）

教科書にでてくる　生きものをくらべよう　全4巻

❶ くちばしと どうぶつの　は

学研プラス　2020　40P 26.2cm

ISBN 978-4-05-501321-5　C8345

教科書にでてくる　生きものをくらべよう

1 くちばしと どうぶつの　は

● 監修

今泉忠明

動物学者。「ねこの博物館」館長。東京水産大学（現・東京海洋大学）卒業。国立科学博物館で哺乳類の分類学、生態学を学び、各地で哺乳動物の生態調査を行っている。『学研の図鑑 LIVE』（学研）、『ざんねんないきもの事典』（高橋書店）など著書・監修書籍多数。

● 編集協力

（有）きんずオフィス

● 装丁・本文デザイン

カミグラフデザイン

● 本文イラスト

内山大助

● 写真協力

アフロ

下記に記載のないものはすべて

アマナイメージズ

P7 上，P16，P27 下

PIXTA

P2（ペンギン），P18 上，P38（ペンギン）

● DTP

（株）四国写研

2020 年 2 月 18 日　初版第 1 刷発行

2022 年 12 月 15 日　第 5 刷発行

監修	今泉忠明
発行人	土屋 徹
編集人	代田雪絵
編集担当	山下順子
発行所	株式会社Gakken 〒 141-8416 東京都品川区西五反田 2-11-8
印刷所	大日本印刷株式会社

この本に関する各種お問い合わせ先

- 本の内容については、下記サイトのお問い合わせフォームよりお願いします。
  https://www.corp-gakken.co.jp/contact/
- 在庫については　Tel 03-6431-1197（販売部）
- 不良品（落丁、乱丁）については　Tel 0570-000577
  学研業務センター　〒 354-0045 埼玉県入間郡三芳町上富 279-1
- 上記以外のお問い合わせは
  Tel 0570-056-710（学研グループ総合案内）